AGENTES ABRAZADORES

EDGAR GARCÍA DE PEREDA

http://www.embracingagents.com

Contenido

PRÓLOGO

De mí, se puede decir que soy una persona dispersa intelectualmente. Me gusta pensar y tener conocimiento sobre muchas materias. Una que me ha gustado mucho desde mi infancia ha sido la tecnología, hasta el punto de decidir que mi carrera profesional estaría ligada a ella. Estudié Ingeniería Informática en la Universidad y, he estado trabajando durante más de 15 años en proyectos de Tecnologías de la Información (TI). Desde mis comienzos, he pretendido servir al negocio a partir de mis conocimientos técnicos, y no limitarme solo a implementar buenas soluciones tecnológicas que pudieran luego resultar inútiles, careciendo de un uso posterior.

No tengo duda de que la tecnología se está haciendo más potente cada día, y que es la herramienta más importante en la actualidad para ayudar a la humanidad a prosperar y construir un mundo mejor. La sociedad debe avanzar, ir más allá de la mano de la tecnología para liderar un cambio que nos acerque a un mundo más próximo a nuestros ideales.

Desde el punto de vista de un técnico, estoy tratando de ampliar el ámbito de alcance de mis ideas pensando que las tecnologías de la información pueden servir a toda la humanidad más allá de los límites establecidos, y no sólo dentro del marco de las empresas. Es por esto que he empezado a investigar sobre sociología, y a diseñar cómo podríamos organizarnos e interactuar para establecer un nuevo mundo maravilloso.

INTRODUCCIÓN

Agentes Abrazadores es una organización social global cuya definición se basa en el concepto de que todos los individuos son agentes por lo que pueden desempeñar sus tareas cotidianas de forma independiente con tecnología adquirida y, al mismo tiempo, son sociables. Uniéndose a otras personas, los individuos son capaces de realizar tareas más complejas y crear comunidades para alcanzar objetivos comunes más ambiciosos.

Mi predicción es que todas las interacciones entre individuos y tecnología se harán bajo el modelo de Agentes Abrazadores. La tecnología es cada vez más relevante en nuestra sociedad y ampliará enormemente nuestras capacidades como individuos, y también como comunidades. En las próximas páginas de este libro voy a explicar una infraestructura global así como un diseño técnico para la nueva y avanzada sociedad tecnológica.

"La tecnología nos permite nuevas formas de organizarnos. Agentes Abrazadores hace posible una nueva etapa evolutiva de nuestra sociedad"

La sociedad de Agentes Abrazadores no confía en ninguna autoridad central. Es una pura organización democrática como lo es la humanidad por sí misma. Es una forma descentralizada de organizarse, más justa que la centralizada actual y donde la reputación social es el mejor camino hacia el éxito.

Actualmente, existen soluciones técnicas que permiten a la gente interactuar sin intermediarios de muchas maneras. Soluciones que se ejecutan sobre tecnologías como P2P (red de par a par) o blockchain (cadena de bloques) se están extendiendo y Agentes Abrazadores soporta todas estas iniciativas y es totalmente compatible. Lo que hace a Agentes Abrazadores diferente es que surge desde los individuos y su tipo de vida social, y es una nueva organización de la sociedad que podría ser implementada por la totalidad de la humanidad. Agentes Abrazadores puede desarrollarse sobre cualquier tecnología, por cualquier grupo de personas y para cualquier materia o solución. Supone una forma de crear comunidades para cualquier propósito que es democrática y no requiere de un gobierno central.

Los fundamentos de Agentes Abrazadores son:

- Está basado en la idea de que las personas con tecnología avanzada se convierten en agentes autónomos a la par que mantienen su sociabilidad.
- Las personas crean comunidades para alcanzar objetivos más complejos.
- La gestión de cualquier organización se delega en las computadoras. Las personas proveen las ideas, la innovación, el esfuerzo, los recursos, las opiniones, el patrocinio, etc. dentro de un ecosistema limpio y democrático.
- La reputación es el activo más importante que poseen las personas.
- La gente tiene libertad de decidir y no hay relaciones maestro-esclavo.
- La descentralización es el nuevo paradigma. Cualquier autoridad central es eliminada del sistema impidiendo la corrupción y las desigualdades.

HISTORIA

En la era primitiva, los humanos estaban organizados en pequeños grupos donde los individuos tenían un fuerte sentido de permanencia al grupo o comunidad. Las habilidades sociales y éticas estaban presentes en cada uno ya que podemos decir que se comunicaban, inter-operaban, eran generosos y seguían algunas reglas básicas.

Posteriormente, sociedades más avanzadas formaban grupos más grandes y ciudades que también tenían grandes mercados de intercambio. Las organizaciones sociales pasaron de gobiernos débiles a fuertes jerarquías gubernamentales. Pequeños clanes y familias coexistían con este nuevo paradigma.

Según la tecnología y las comunicaciones fueron mejorando, la globalización aumentó. La gente compartía bienes e interactuaba desde diferentes lugares construyendo enormes mercados, infraestructuras, redes y organizaciones.

Esta revolución es apreciada como una gran mejora, pero las cosas están yendo a peor en todo el mundo. Nuestra sociedad global está sufriendo interminables guerras, crisis económicas muy largas, crecientes desigualdades, y una más pequeña y débil clase media.

El poder y el control total de todo el sistema han quedado en manos de una élite minoritaria, que impone su sistema de valor al resto de la población. Los individuos están estratificados en niveles sociales y el poder es dado por posición y capital adquirido, no por un sistema basado en la meritocracia.

Mientras tanto, la tecnología está incrementando sus capacidades a un ritmo vertiginoso. Una tecnología extremadamente potente, en relación a lo que hoy conocemos, en manos de gente egoísta podría romper el mundo en pedazos. También hay una creciente preocupación por alcanzar grandes tasas de desempleo debido a la automatización de trabajos y, por el aumento de la desigualdad. Pero yo tengo un punto de vista optimista que se basa en que la tecnología va a ayudar a la sociedad permitiendo nuevos métodos organizacionales.

LA DESCENTRALIZACIÓN

"La descentralización permite crear organizaciones en las que todos sus miembros son propietarios de los productos y servicios que estas ofrecen"

Actualmente, hay muchos proyectos de relevancia reclamando un cambio en el gobierno de la sociedad yendo desde los modelos centralizados actuales a otros descentralizados. Estos proyectos son relativos a diversos sectores de la industria como las finanzas (criptodivisas, microfinanciación colectiva), energía (sistemas de autoconsumo), transporte (vehículos compartidos), etc. Todos ellos brindan servicios de consumidor a consumidor (C2C por sus siglas en inglés) con bajo coste debido a los avances tecnológicos, aunque la mayoría de ellos tienen un accionariado o número de propietarios reducido, que adquieren una comisión por los servicios que se prestan en las plataformas implementadas. Estos propietarios se han responsabilizado de los desarrollos tecnológicos necesarios, así como de la promoción para que los servicios estén disponibles y lleguen a un gran número de clientes.

Por supuesto, desde las Tecnologías de la Información (TI) también surgen iniciativas que dan soporte a esta idea que elimina a los intermediarios, como los que permiten construir redes puramente descentralizadas, aplicaciones de mensajería o utilidades de gestión de archivos. Todos ellos se fundamentan en el hecho de que los usuarios y miembros del sistema comparten al menos una parte de sus dispositivos entre ellos, eliminando la necesidad de la existencia de una gran infraestructura que de soporte centralizado a los servicios prestados.

En este tipo de servicios descentralizados, los usuarios tienen la opción de aportar tanto parte de la infraestructura necesaria, como también contribuir con tareas o servicios que se prestan, normalmente, a cambio de recibir determinadas recompensas.

En los casos en los que hay un accionariado reducido, no se llega a alcanzar la descentralización pura, aunque se están abriendo nuevas puertas para hacer mercado. Las principales características que definen la pura descentralización son:

- Independencia de cualquier autoridad o institución central. Impide la posible corrupción de los gobernantes.
- Entorno competitivo y colaborativo. Los miembros tratan de obtener reputación añadiendo valor y nuevas competencias a otros individuos, por ellos mismos o creando comunidades específicas.
- Facilidad de expansión, de cambiar rápidamente y de actualizarse. Añadir un nuevo miembro a la comunidad incrementa la potencia total del sistema.
- Barato. Los costes de búsqueda, distribución e inventario, entre otros, se ven reducidos drásticamente.
- Rendimiento. Las operaciones se realizan con el nodo o el agente de la red más cercano, evitando penalizaciones que puedan surgir derivadas de la distancia.
- Ecológico. Esto se consigue mediante la compartición de objetos que en otro caso estarían en desuso.
- Seguridad. Se pueden establecer mecanismos que aseguren la privacidad y que todos los datos están encriptados.
- Disponibilidad. Los datos y la funcionalidad requerida se colocan en diferentes nodos asegurando que todo continúa funcionando cuando un nodo falla.
- Democratización. Cualquier individuo o institución no tiene a su alcance adueñarse del 50% de todo el sistema para poder obtener el control total del mismo. Las reglas deben ser establecidas en un proceso puramente democrático.

Yo creo que la descentralización es la mejor alternativa para mejorar nuestro mundo y que las Tecnologías de la Información tienen que dar un gran paso para liderar esta transformación.

PERSPECTIVA DE LAS TIC

"La tecnología se diluye en nuestros seres y en nuestros grupos. Nos puede ayudar mucho a todos, pero ahora solo unos pocos tienen los privilegios y las ventajas competitivas"

En la última década, dentro de las TIC (Tecnologías de la información y la Comunicación), la computación en la nube, las redes sociales y el "big data" se pueden considerar como tres áreas de tendencia que están suponiendo la base de la evolución tecnológica.

La computación en la nube se ha desarrollado inicialmente como una solución que permite usar grandes infraestructuras y servicios que de otra manera serían inalcanzables ya que no es necesario adquirir una gran plataforma tecnológica para poder hacer uso de ella, pagándose únicamente por el consumo realizado al propietario real de la misma.

La nube ofrece una organización completamente centralizada en la que unas pocas compañías están tomando el liderazgo, la propiedad, la gobernanza y el poder. Estas compañías ofrecen servicios a cambio de dinero o simplemente información con la que comercializan después. La nube ha mejorado todo el ecosistema tecnológico, pero está lejos de ser perfecto. Aunque la regulación ha permitido que se hagan muchas cosas bien sin cometerse grandes abusos de los grandes partícipes de la gestión, sus políticas deben ser revisadas. Toda la población debe poder opinar y votar en la gestión de forma puramente democrática e innovar creando nuevos servicios y productos con los mismos medios que cualquier otro.

Para los consumidores, compartir se ha convertido en la principal funcionalidad en el ámbito de las tecnologías de la información. Dichos consumidores comparten conocimiento, sus interacciones, su contenido digital (audio, vídeo, fotos, comentarios,...), etc. Todo ello se puede clasificar como software que se comparte en redes sociales que son propiedad de unos pocos.

El "big data" está tomando también mucho protagonismo en la sociedad actual. Operando con grandes cantidades de datos se pueden personalizar servicios, realizar investigaciones mucho más profundas y precisas, desarrollar la inteligencia artificial y mucho más. Pero esto requiere infraestructuras potentes y algoritmos complejos que sólo tienen unos pocos.

Estas tres áreas de las TIC nos indican que las tecnologías de la información siguen una organización generalmente centralizada. La tecnología a día de hoy está basada en la centralización sin lugar a dudas.

EL MILAGRO TECNOLÓGICO

"Vamos a disponer de una tecnología alucinante que nos debe permitir decidir por nosotros mismos dentro de nuestro marco social"

Hoy en día, en la era del "Big Data", nos enfrentamos a muchos retos en términos de almacenamiento de datos, procesamiento de la información, aprendizaje computacional y computación cognitiva que están causando muchos quebraderos de cabeza a los profesionales del sector por su complejidad actual. Al mismo tiempo, las empresas y los consumidores están adquiriendo un gran partido de todo esto, especialmente, en todo lo relacionado con analítica y capacidades sociales.

Aunque la computación se entiende como una unión de hardware y software, la percepción es que los mencionados avances están saliendo a la luz a partir de la última década gracias a muchos desarrollos de software que aprovechan la potencia actual del hardware cuya evolución viene basándose por muchos años en la famosa ley de Moore (el número de transistores de un procesador se duplica cada dos años). Entre dichos desarrollos del software, podemos incluir sistemas de información distribuidos, nuevos tipos de bases de datos o algoritmos de inteligencia artificial, como ejemplos de herramientas que nos permiten alcanzar nuestros objetivos en relación a los datos y la información.

Sin embargo, nuevos y revolucionarios dispositivos van a hacer que el hardware salga a la palestra para liderar la nueva revolución de la información. Nuevas tecnologías en evolución como los nanofotones, dispositivos de almacenamiento ópticos, componentes diminutos que se integran en nuestros cuerpos y la computación cuántica en conjunción con redes ultrarrápidas van a llevar a otro dimensionamiento las soluciones tecnológicas en la sociedad (eso sí, con el software adecuado).

Adquiriendo y llevando las nuevas tecnologías de hardware antes descritas, en pocos años, cosas como el almacenamiento y procesamiento masivo de datos, y aplicar complejos algoritmos de forma instantánea va a ser bastante más fácil y asequible parta todos nosotros. También será posible volvernos más autónomos y capaces, sin la necesidad de alquilar una determinada infraestructura o servicios ajenos como lo hacemos ahora, a la par que mantendremos nuestra sociabilidad.

Vamos a poder decir por analogía que las personas vamos a ser hardware y software muy potente y que vamos a estar interconectados también por un hardware y un software muy potente. Nos estamos sumergiendo en una sociedad con un alto componente tecnológico.

En la actualidad, hay muchos proyectos basados en la compartición de hardware para incrementar nuestras capacidades comunicativas y hacer algunos servicios más fáciles y baratos. Añadir esta nueva tendencia a los venideros avances antes descritos resultará en una forma de trabajar y colaborar, que nos llevará de los sistemas centralizados actuales a otros descentralizados. Mi propuesta es que la descentralización vendrá bajo un modelo de Sistemas Multi Agente (SMA) llamado Agentes Abrazadores.

APLICACIONES TERRORÍFICAS DE LA TECNOLOGÍA A IMPEDIR

"Si dejamos el control de la sociedad y los avances tecnológicos en manos de una élite poderosa, el riesgo de padecer malas prácticas en su aplicación se amplía considerablemente"

La tecnología avanzada puede tener aplicaciones devastadoras, lejanas de los parámetros de los valores morales existentes de forma mayoritaria en la humanidad. He aquí algunos ejemplos:

- Robots soldados. Entes programados para matar personas.

- Drones biológicos. Dispositivos que se desplazan por tierra, mar o aire que son capaces de transportar armas químicas que manipulan personas o su entorno natural.
- Manipulación genética. Se puede llegar a reducir las capacidades de ciertas personas.
- Educación sectaria. Lograr inculcar a las personas ideas que favorecen intereses particulares.
- Extorsión. Abusar disponiendo de una tecnología exclusiva para imponer reglas y políticas determinadas al resto de la población.
- Otras muchas...

LA SOCIEDAD DE LA INFORMACIÓN

"En función de las capacidades que tengamos las personas y la sociedad en su conjunto de operar con la información, podremos evolucionar más o menos"

Dentro del sector de la tecnología, hoy lo que realmente importa es la información y para sacarla partido se opera dentro de una de estas cuatro diferentes áreas funcionales: almacenamiento, procesamiento, reporte y actividades cognitivas. Tradicionalmente, estas suelen ser representadas es cuatro capas diferentes donde los flujos de información comienzan en el almacenamiento y terminan en la capa cognitiva, pero la realidad viene dada por una operativa más flexible donde la información fluye de una capa a otra sin un camino preestablecido como se muestra a continuación,

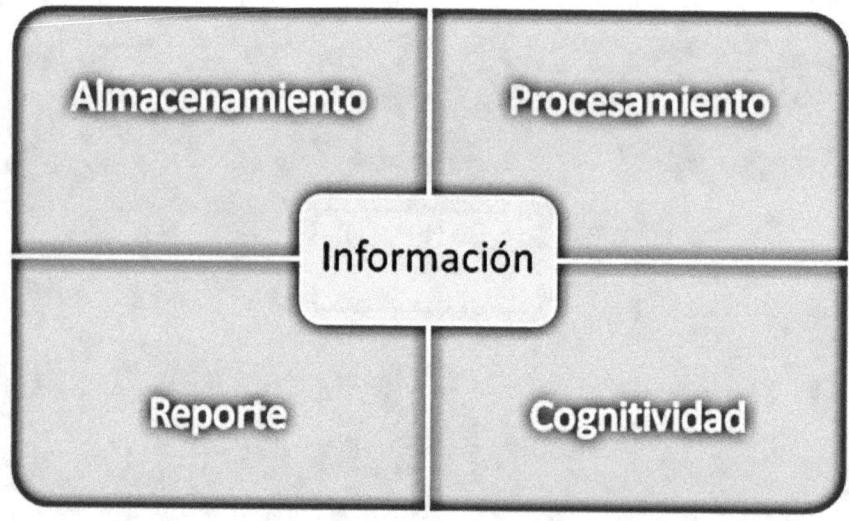

Figura 1. Áreas interdependientes en la operativa de la información

Estas cuatro áreas de gestión de la información son muy importantes de cara a que la tecnología contribuya a crear un mundo mejor, más inteligente, más desarrollado y más conectado. Las tecnologías de la información son muy poderosas siendo, además, el punto de partida para que nuestra sociedad prospere.

A continuación, se muestra una tabla con algunas de las funcionalidades de cada área:

Área	Funcionalidades
Almacenamiento	Capturar, guardar
Procesamiento	Transformar, unir, seleccionar, calcular
Reporte	Mostrar
Cognitividad	Inteligencia artificial, predecir, tomar decisiones

AGENTES ABRAZADORES

Pensando en un futuro (no muy lejano) donde una poderosa tecnología estará disponible de forma asequible, los individuos y las corporaciones de todos los tamaños podrán operar en los cuatro tipos de operaciones informacionales explicados en el punto anterior. Se convertirán en agentes, pero...

¿QUÉ ES UN AGENTE?

Un agente es una entidad capaz de desempeñar sus tareas más comunes por sí mismo, sensible a su entorno y sociable. A continuación, se detallan sus principales características:

- Autonomía. Un agente puede actuar por sí mismo sin ninguna intervención externa.
- Funcionalidad. Los agentes son capaces de llevar a cabo funciones predefinidas que podrían clasificarse en las cuatro áreas descritas con anterioridad.
- Orientación a eventos. Cualquier acción que ocurre dentro del entorno puede causar que el agente reaccione.
- Basado en datos. Los agentes son proactivos y actúan con independencia cuando algunos valores externos cambian. También tienen la habilidad de ampliar su base de conocimientos.
- Sociabilidad. Un agente puede interactuar con otro, compartiendo recursos y su información a la par que colaborar con otros agentes para alcanzar metas más complejas.

- Inteligencia. Fortalecido por todas las capacidades que un agente tiene más todas sus habilidades sociales, se supone que un agente es inteligente.
- Obediencia. Un agente puede recibir peticiones y hacer simplemente lo que otros le pidan.
- Dependencia de recursos. Un agente simplemente interactúa en un entorno compuesto por determinados recursos y es capaz de gestionar estos recursos.
- Imprevisibilidad. Debido a todas las características anteriores, no es posible determinar qué acción va a realizar un agente en un momento determinado.

Debido a que un agente es social, es una pieza de un sistema multi-agente global. Es realmente difícil de definir cuáles son los mínimos requisitos que se deben cumplir para ser un agente así como dividir todo el ecosistema en agentes equivalentes, aunque eso no importa. La naturaleza es así.

Un agente es un individuo extendido por entidades materiales o virtuales que desempeñan tareas de comunicación, coordinación, compartición de recursos y servicios de conocimiento dentro de una organización integrada y completamente operativa.

Los roles de un agente dentro de un ecosistema global son plurales y fluidos donde los individuos nunca más se van a definir en función del tipo trabajo que realizan a jornada completa. El papel de los agentes va a ser mucho más dinámico y variado.

La acción de un agente de unirse a otros para alcanzar un objetivo es lo que se llama el proceso de abrazamiento.

EL PROCESO DE ABRAZAMIENTO

La principal característica de un agente es la sociabilidad. Es capaz de establecer relaciones. Conectándose con otros agentes incrementa las capacidades relacionadas con las cuatro áreas de la información (almacenamiento, procesamiento, reporte y cognitividad).

Cuando dos o más agentes se abrazan, están básicamente haciendo estas dos cosas:

1. Compartir. Los agentes están uniendo sus recursos para alcanzar logros específicos.
2. Colaborar. Los agentes están desempeñando funciones específicas que no son más que unos pasos dentro de un proceso completo para alcanzar unos objetivos predefinidos.

Esas dos interacciones causan la creación de una comunidad. Una comunidad podría ser estable durante un largo periodo de tiempo o no. Todos los miembros de una comunidad se unen con los mismos objetivos, lo que significa que ellos tienen la misma ideología en determinados temas.

La comunidad se crea por uno de los agentes que la conforman o por un agente externo. El creador construye un agente virtual que es el responsable de gestionar toda ella. Este agente virtual desaparece una vez que se han alcanzado los objetivos, dejando también de existir la propia comunidad.

El agente virtual es un nodo o red de nodos maestros de la comunidad. Almacena los metadatos de la misma (información de los miembros, tareas y el estado en el que se encuentran, datos de los recursos y su disponibilidad, reglas y algoritmos a aplicar, sistemas de votación y elecciones, ...).

Figura 2. Agente virtual, el gestor de la comunidad

El agente virtual no es un miembro de la comunidad en sí mismo. Es creado por el emprendedor de la comunidad que define como punto de partida las reglas, los objetivos y las tareas que se hacen por los miembros de la comunidad. Todos estos parámetros pueden ser cambiados por los miembros de la comunidad si más del 50% de los mismos lo deciden en un proceso democrático gestionado por el agente virtual.

El agente virtual podría estar completamente descentralizado, siendo distribuido por todos los miembros de la comunidad para incrementar el rendimiento, la fiabilidad y la democracia.

La nueva sociedad va a ser una red humana computarizada de agentes que trabajan conjuntamente y se organizan en comunidades. Las principales funciones desarrolladas por las comunidades van a ser tanto reales como virtuales.

COMUNIDADES Y ORGANIZACIONES AUTÓNOMAS DESCENTRALIZADAS.

El impacto de la tecnología en una comunidad puede variar, pero se está viendo incrementado cada día. Todos los miembros de una comunidad pueden confiar en la tecnología y delegar en ella las principales tareas de gestión requeridas mediante la construcción de un agente autónomo virtual, que realiza esas tareas aplicando reglas predefinidas creadas y actualizadas en base a un consenso de todos los individuos. Este tipo de comunidades son conocidas como Organizaciones Autónomas Descentralizadas (DAO por sus siglas en inglés) y están actualmente emergiendo gracias a soluciones tecnológicas como Ethereum.

Un grupo de individuos de similar ideología podrían lanzar una nueva comunidad compartiendo participaciones de ella. Cualquier otro agente podría ser libre de unirse a la comunidad solo porque desee colaborar, y también obtendría participaciones y derecho a voto. El valor que este nuevo agente aporte podría estar relacionado con el intercambio de bienes, servicios, datos, conocimiento o cualquier otro recurso que pudiera ser apreciado dentro de la red de la organización.

Todos los activos, datos de los individuos, gobierno y conocimiento son propiedad de todos los miembros y, por ello, no hay lugar para la corrupción en una organización descentralizada.

El ecosistema de Agentes Abrazadores es un mercado libre puro y de competitividad limpia entre organizaciones, que provee los mejores servicios y productos impidiendo las oligarquías.

Todas las comunidades son abiertas por lo que cualquier agente puede unirse a ellas en cualquier momento y también salirse cuando lo crea oportuno. Esto es una característica clave de las políticas del ecosistema de Agentes Abrazadores.

POLÍTICAS

De todas las cosas explicadas anteriormente, podemos concluir que un ecosistema de Agentes Abrazadores tiene que cumplir las siguientes propiedades:

1. Es un conjunto de agentes.
2. No hay ninguna autoridad central.
3. Los agentes son sociables y tienen capacidad de unirse a las comunidades.
4. Las comunidades están abiertas y duran un periodo indefinido de tiempo dependiendo de cuando se logran sus objetivos.

Además, podemos concluir estas otras características:

5. Las comunidades y los agentes virtuales no se pueden unir entre ellos.
6. Para tener el control total de todo el ecosistema, tendría que crearse una comunidad con más del 50% de todos los agentes existentes.

La principal característica del ecosistema de Agentes Abrazadores es que la mayoría de la población no está forzada a servir a la minoría. Los agentes menos poderosos pueden unirse libremente a cualquier comunidad y sobrepasar a cualquier agente más poderoso impidiendo las oligarquías corruptas. Esto define una balanza realmente democrática donde los agentes tienen la capacidad de elección en un determinado tema porque todos los miembros de la comunidad tienen derecho a decidir por igual, incluyendo los menos poderosos en términos de recursos y capacidades.

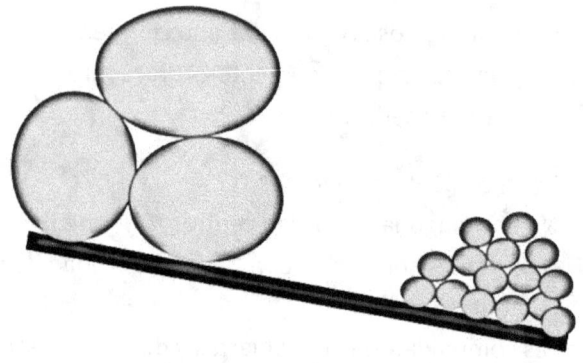

Figura 3. Balanza democrática

La reputación en este ecosistema es muy importante para cualquier agente. Para tener éxito en esta sociedad, el hecho de haber lanzado buenas iniciativas y haber hecho cosas buenas en el pasado, es lo que hace a un agente tener un rol importante y obtener la confianza de los demás. Las comunidades serán construidas en base a objetivos específicos y a los métodos para alcanzarlos, y triunfarán si un número suficiente de agentes se unen a ellas porque piensan que merecen la pena para toda la sociedad. Esto es un ecosistema fuertemente orientado a la producción en relación a lo que todos los agentes piensan que es productivo, construye un mundo mejor y justo desde la democracia. Además, impide oligarquías, agentes corruptos, agentes individuales con mucho poder que no merecen, etc.

En un mundo justo, la economía fluye y el éxito de la sociedad es lo que hace a los ciudadanos estar orgullosos. A continuación, se detallan las principales ventajas económicas de estas políticas:

1. El conocimiento, la experiencia y la reputación son muy importantes para cada agente. Esto lleva a una competitividad que conduce a ser mejor y más fiable.
2. La creatividad y las iniciativas orientadas a añadir valor son el motor de esta sociedad. Esto tiene como consecuencia mucha innovación y continuos avances.
3. Como se ha explicado antes, es orientado a la producción.
4. En una democracia pura, todos pueden prosperar.

El ecosistema de Agentes Abrazadores ofrece comunidades con mucha experiencia en determinados ámbitos. No hay directores generales o reyes de todo. Esto se trata de contribuir y muchos casos de uso coexisten para un nuevo maravilloso mundo.

EL SISTEMA DE USO Y PROPIEDAD

Después de que Jeremy Rifkin relatara una sociedad de coste marginal cero [1], se ha difundido todavía más el hecho de que los costes de fabricación de muchos productos son extremadamente baratos. La innovación y el conocimiento son cada vez más relevantes para alcanzar el éxito en los proyectos, mientras los automatismos y los robots dejan el trabajo hecho. Las organizaciones están luchando cada vez más en ser dueños de las patentes y los derechos de distribución para monetizar los inventos surgidos, bien dentro de su propio equipo de trabajadores, o bien de terceros que consideran una buena operación de compra factible de rentabilizar. Esta es la forma en la que los sistemas centralizados premian la innovación, pero está lejos de ser algo justo, ya que hace al sistema centralizarse y desequilibrarse todavía más cada vez que una patente es publicada o denegada por cualquier oficina de patentes, que no es más que otra organización central para gestionar la innovación.

Con el resurgir de las DAOs, la innovación debe ser premiada en función del valor que el producto o servicio aporte a la humanidad y la expansión social que consiga. El ciclo de vida ideal de la propiedad de un producto o servicio debería tener un gobierno descentralizado y cercano al coste marginal cero, como se explica en el siguiente apartado.

[1] J. Rifkin, "La sociedad de coste marginal cero", Paidós, 2014.

CICLO DE VIDA DE LA PROPIEDAD

La gente construye comunidades para alcanzar objetivos. Durante siglos, las firmas y corporaciones han sido los vehículos para gestionar la creación de los productos y servicios, la administración, el marketing, las ventas y cualquier otra actividad relacionada. Esas organizaciones duran un largo periodo de tiempo, especialmente las que se hacen muy grandes, en un sistema tradicional poco flexible donde las instituciones públicas y privadas trabajan duro para asegurarse que el control de la sociedad no cambia de manos.

Agentes Abrazadores ofrece un ecosistema flexible donde las comunidades duran hasta que dejan de ser útiles. El hecho de cerrar una comunidad tiene sentido y no tiene malas consecuencias ni mayor importancia. Es cuestión de evolucionar.

Muchas tareas que las organizaciones han estado haciendo de forma común durante muchos años van a desaparecer debido a la inexistencia de autoridades centrales a las que reportar. La opinión social y las elecciones que la población tome son las principales causas del éxito. La gente tiene la última palabra y no un grupo exclusivo de pocos individuos que tratan de mantenerse en la cima de la jerarquía social.

Una comunidad de Agentes Abrazadores tendrá los siguientes pasos que podrán solaparse en el tiempo:

ETAPA DE INNOVACIÓN

En el inicio, solo los creadores son dueños de la idea. Ellos merecen comenzar con la totalidad de la propiedad de la organización siendo los únicos miembros y, también, tener la opción de poseer un número decente de participaciones de la organización durante toda su existencia. La política de distribución de acciones puede ser definida de varias maneras y siguiendo diferentes métodos que se explicarán más adelante en este libro.

ETAPA DE MARKETING Y COMUNICACIÓN

Los productos o servicios tienen que ser muy conocidos por cada vez más personas. Los esfuerzos de marketing y comunicación comienzan ya desde los inicios.

ETAPA DE SOPORTE

Esta etapa hace posible que todas las cosas necesarias para el desarrollo del producto o servicio estén disponibles y, también, contribuye a darlo a conocer a un número suficiente de personas. Nada relacionado con el primer motivo es obligatorio en una sociedad descentralizada de costes cero y los creadores van a intentar saltarse este paso siempre que puedan. Lo más importante aquí es la parte de la comunicación y el marketing donde la reputación juega un papel muy importante como se ha explicado durante este libro. La esponsorización del proyecto por agentes con buena reputación se convierte en algo muy relevante en esta etapa porque esto hará que más gente se vaya a unir al proyecto en las fases siguientes.

Después de esta etapa, que puede estar presente durante todo el ciclo de vida del producto o servicio, los que han dado su apoyo también se convierten en propietarios, obteniendo acciones adicionales o un porcentaje del total de las acciones. Este mecanismo podría generar desigualdad porque la gente con buena reputación obtendrá muchas acciones de diferentes comunidades, pero es importante tener en cuenta que para tener una buena reputación hay que tener comportamientos ejemplares y, además, la gente va a tratar de evitar a las personas con mala reputación, más incluso que seguir a las que tienen buena reputación.

ETAPA DE PRODUCCIÓN

Esta es la etapa que hace que los productos o servicios estén disponibles para su uso. Toda la gente que contribuye con su trabajo o sus recursos para hacer el proyecto útil se convierte en propietaria, obteniendo acciones de la comunidad y también derecho a voto para cualquier elección y, dicho voto, tendrá el mismo valor que el de cualquier otro propietario.

Esta etapa podría durar hasta el final del ciclo de vida del proyecto.

Hasta el primer uso, la mayoría del presupuesto del proyecto se dedica a pasos como el diseño, el marketing o el desarrollo. La comunidad de usuarios no debe estar al margen de la propia comunidad, por lo que los usuarios se unirán a la comunidad con derechos de voto y poseyendo un pequeña participación en la propiedad de la misma. Bajo una gestión descentralizada, los usuarios comparten sus recursos y su conocimiento para hacer el producto o servicio todavía mejor. Ellos son esenciales para el éxito del proyecto y el sistema de Agentes Abrazadores es un ecosistema profundamente orientado al usuario. Todos los procesos de generación de productos y servicios existentes se enfocan en los agentes que van a hacer uso de ellos.

Mientras la comunidad de usuarios crece, el porcentaje total de acciones de la comunidad en propiedad de dichos usuarios también aumenta hasta que llegan a disponer del mayor paquete accionarial de la comunidad. Ellos usan, son dueños y tienen el control de la comunidad siendo la parte más importante del producto o servicio. Esto deriva en una organización donde el usuario es realmente el núcleo central.

POLÍTICAS DE ACCIONARIADO Y PROPIEDAD

Cuando una comunidad se crea, debe definirse su política accionarial. El ecosistema de Agentes Abrazadores ofrece organizaciones descentralizadas, a la par que premia la reputación y la innovación. Los creadores de una comunidad pueden definir la política accionarial de muchas maneras, pero esta debe ser moral y atractiva para todo el ecosistema.

La política accionarial de las comunidades puede seguir cualquiera de los sistemas que se explican a continuación o cualquier otro que se considere, como se ha mencionado anteriormente, moral y atractivo para la sociedad.

RESERVA DE UN BLOQUE A LOS STAKEHOLDERS

Un stakeholder para una comunidad de Agentes Abrazadores es un miembro que se considera que desempeña un rol importante. Nadie puede ser un stakeholder fuera de la comunidad. Desempeñar un papel importante quiere decir crear, innovar, patrocinar o colaborar a un alto nivel.

Todos los miembros de una comunidad poseen una porción de ella, pero una porción más grande podría reservarse para los stakeholders antes mencionados con el fin de premiar la innovación y la contribución. En este sistema, los creadores deciden al principio de la existencia de la comunidad reservar una porción (máximo un 20%) del total de las acciones para dichos stakeholders.

Para ser un stakeholder, se requiere una nominación por parte de más del 50% de los miembros de la comunidad o alcanzarlo mediante un proceso de gamificación donde un miembro puede ganar los puntos suficientes para lograr ser un stakeholder, debido a la consecución de tareas de colaboración y a la recepción de opiniones positivas de otros miembros. Por las mismas razones, los stakeholder podrían perder su status.

Los stakeholders pueden ser divididos en tres grupos o niveles:

- Nivel 1. Este grupo es para los miembros más considerados y está limitado a un número reducido. Los creadores y los miembros mejor valorados podrían estar incluidos en este grupo.
- Nivel 2. En este nivel, los miembros con mejor valoración o los sponsors deberían estar incluidos. El número de miembros de este grupo podría ser superior a los del primer nivel.
- Nivel 3. Esta categoría de stakeholders está compuesta por miembros muy valorados, pero no tanto como los de los niveles anteriores.

En la creación de una comunidad, se deben definir los siguientes parámetros para su modelo de gobierno:

- Porcentaje total de acciones para el bloque reservado.
- Técnicas de gamificación para valorar a los miembros.
- Porcentaje total de acciones destinado a cada nivel de stakeholders.
- Límite de miembros para cada uno de los grupos de stakeholders.

Durante la vida de una comunidad, todos esos parámetros podrían ser modificados, excepto el primero.

EL MODELO UN MIEMBRO – UNA ACCIÓN

Este modelo de propiedad pretende ser lo más equitativo posible. Cada miembro de la comunidad poseerá una acción, con lo que el impacto de un miembro en una votación es equivalente al porcentaje de acciones que tiene.

Este modelo es muy atractivo para los miembros nuevos que se incorporan porque tendrán un alto porcentaje de participación sobre el total de las acciones.

Esta política de propiedad funciona muy bien para comunidades orientadas a contribuciones sociales o con propósitos caritativos. Al mismo tiempo, no requiere la definición de reglas complejas de modelo de gobierno.

EL MODELO UN PUNTO – UNA ACCIÓN

Con este modelo, cada miembro comienza teniendo la titularidad de una acción y tiene la posibilidad de adquirir nuevas acciones mediante la obtención de puntos en procesos de gamificación. Por ejemplo, crear o promocionar una comunidad podrían ser dos acciones recompensadas con muchos puntos.

Este es un modelo equilibrado donde la equidad y la meritocracia imperan en la distribución de las acciones. Para ponerlo en marcha, se requiere determinar las técnicas de gamificación para valorar a los miembros.

Bajo cualquiera de estos modelos, un miembro puede transferir acciones al resto de los propietarios, pero debe tener siempre una para permanecer en la comunidad.

Todas las reglas de gamificación y las políticas accionariales pueden ser modificadas bajo un acuerdo consensuado por más del 50% de los miembros, excepto el bloque reservado.

En un entorno realmente competitivo, los dos últimos modelos serán los más usados, pero los creadores tienen libertad de elección, lo cual no quiere decir que estén libres de las consecuencias.

ORGANIZACIÓN, TRABAJO Y EMPLEO

Hemos vivido durante los últimos siglos o, incluso milenios, dentro de un sistema económico cuyo principal objetivo social ha sido alcanzar el pleno empleo. Estando desempleada, una persona no tiene ningún ingreso para comercializar o satisfacer sus necesidades básicas como la alimenticia.

La gente necesita tener un empleo para obtener dinero. Se trabaja para una gente con mayor poder para hacerles lograr sus objetivos o incluso ir más allá, pero eso no significa hacer un mundo mejor o conseguir que toda la sociedad prospere. En otros términos, podemos decir que la gente más poderosa usa el vigente sistema de comercio y el dinero como un vehículo para hacer al resto de la población sus esclavos. Con el control de los medios, el sistema financiero, las leyes, el sistema educativo y todos los sectores principales que manejan nuestra sociedad, ellos están consiguiendo su principal objetivo que no es otro que ser lo más poderosos que puedan ser.

Lo que el ecosistema de Agentes Abrazadores está pretendiendo es cambiar la política de "alcanzar el 100% de empleo", que no ha triunfado desde tiempos ancestrales, por llegar al ratio de "trabajar el 0% para las minorías". En una sociedad bien equilibrada, sin lobbies que obtienen el control total de las principales áreas de organización humanas, las comunidades y sus miembros trabajarán para añadir valor al conjunto de la sociedad sin límites de ningún tipo. La gente estará satisfecha sirviendo de ayuda y alcanzando una buena reputación en mayor medida que simplemente teniendo dinero o cualquier otro elemento material. Trabajando para todos y uniendo esfuerzos al mismo tiempo que existe una competitividad pura y limpia, cualquier humano alcanzará un estado mejor que cualquier persona en la actualidad. La gente se sentirá libre y orgullosa de la sociedad a la que pertenece.

Agentes Abrazadores es un sistema que rompe con la corrupción y alcanza la pura democracia, es descentralizado sin lobbies ni oligarquías que obtienen ventajas de su status de poder en contra del resto de la población. La democracia es el mejor sistema conocido, pero no el ancestral sistema democrático definido en la época griega que actualmente se ha transformado en un sistema corrupto donde la gente no puede confiar en sus mandatarios, sin importar quién está al frente de la jerarquía institucional. Esa jerarquía significa regresión y debe ser destruida para generar una nueva organización plana, donde los auténticos líderes emergerán democráticamente según lo que hacen para la población o las iniciativas que construyen.

Mientras estamos cavando la tumba de muchos de los trabajos que serán enterrados en breve debido a la automatización tecnológica, no tiene sentido sentar las bases de nuestro sistema social en alcanzar la casi totalidad de pleno empleo que, por otro lado, nunca se va a alcanzar con una sociedad en jerarquía. Todos los individuos deben tener una situación decente proporcionada por su poderosa sociedad. Agentes Abrazadores desea llegar a esa poderosa sociedad incrementando la calidad de vida de los individuos, en un camino rápido e inquebrantable.

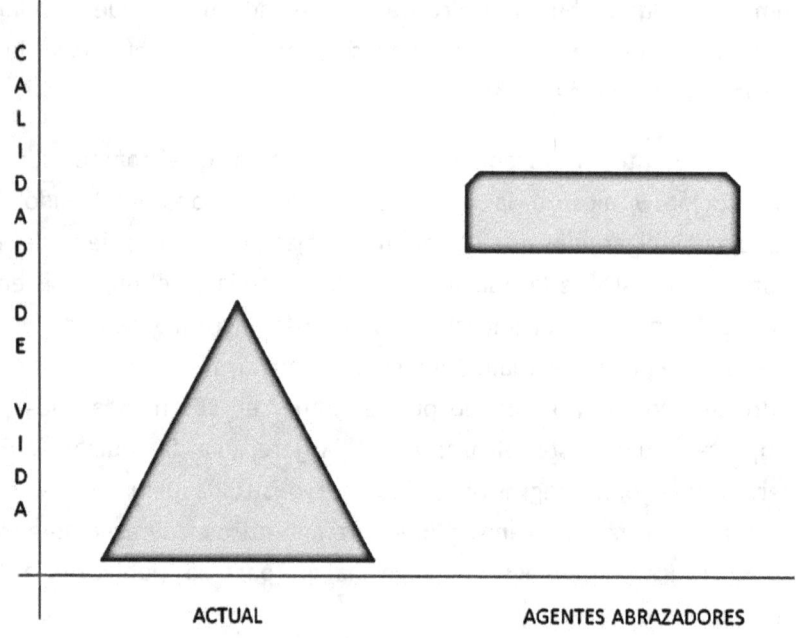

Figura 4. Cambio previsto en el nivel de vida

El único modo en el que una iniciativa inmoral pudiese tener éxito es que fuera apoyada por más del 50% de la población. Bajo este paradigma, el liderazgo tiene que ver con mejorar la humanidad y obtener una elevada reputación (la reputación es lo que los demás piensan de un individuo).

Agentes Abrazadores es un sistema para llevar a cada individuo a un nivel superior. Nadie sabe dónde están los límites de la sociedad, posiblemente queden fuera de nuestra imaginación. Algunos casos de uso podrían ayudar a acercarnos a esos límites.

CASOS DE USO, EJEMPLOS Y TÓPICOS

Ahora, imaginemos como van a funcionar las cosas en un ecosistema de Agentes Abrazadores en diferentes áreas.

Primero, se explicarán los temas principales que harán al ecosistema el motor del mundo.

En una segunda parte, se hablará sobre algunos ejemplos de comunidades que muestran como la sociedad trabaja de una forma descentralizada. Con la emergente economía compartida y las nuevas tecnologías, estamos viendo ahora algunos casos que están llevando a la realidad conceptos próximos a lo que se proponen en este libro, pero quedan todavía lejos de lo que sería un mundo mejor.

Con estos ejemplos, veremos los límites y la censura que estamos sufriendo ahora mientras están vigentes las relaciones maestro-esclavo, y como se puede mejorar la situación actual.

PRINCIPALES ÁREAS DE ESTE ECOSISTEMA

POLÍTICA

Lo primero que viene a la cabeza es cómo y quién va a gestionar la sociedad en un ecosistema de Agentes Abrazadores. ¿Van a desaparecer los políticos del sistema?, ¿van las personas a crear comunidades para reemplazar las instituciones políticas actuales?. La respuesta a ambas preguntas es sí.

En la actualidad, la política está basada en la separación de poderes. El gobierno de la sociedad se divide en tres áreas: legislativo, ejecutivo y judicial. Todas ellas operan en base a las leyes para crearlas, ejecutarlas y gestionar las circunstancias en las que éstas no se cumplen. El poder ejecutivo también decide las principales políticas sociales, mientras que el poder legislativo aprueba la distribución de los presupuestos y los recursos disponibles.

Todos esos poderes políticos están liderados por lobbies que obtienen la gobernanza real de la población. Ellos crean muchas leyes en favor de sus intereses y, además, no todos estamos bajo el amparo de la misma jurisdicción. Una gran cantidad de las leyes actuales no tienen sentido en un ecosistema de Agentes Abrazadores donde las opiniones de la gente, sus iniciativas y sus elecciones hacen la legislación para un gran maravilloso mundo.

Muy pocas leyes son necesarias para fortalecer a la humanidad. Cualquier ley existente debería ser creada por una comunidad y obtener la aprobación de la población en unas elecciones. Se crearía la "Organización de Validación de Leyes" que es una comunidad por sí misma construida bajo el modelo de "Un miembro – Una acción" explicado con anterioridad, y que recibe todas las propuestas de ley de otras comunidades (lo que equivaldría a decir la población). Además, elegiría democráticamente la aprobación o denegación de las leyes propuestas. De esta manera, todas las instituciones legislativas serían eliminadas y las leyes estarían en manos de todas las personas. Los individuos proponen y los individuos aprueban.

La mayor sanción que una persona puede sufrir es quedarse fuera de una comunidad. El mal comportamiento es la razón para rechazar a un miembro de una comunidad, por lo que la gente ejercerá el papel de juez y no habrá ningún motivo que justifique la existencia de ninguna institución jurídica central.

Una vez que todas las instituciones de gobierno relativas a las leyes se suprimen (congreso, senado, juzgados,...), quedaría todavía la parte ejecutiva para gestionar y distribuir los recursos y, por supuesto, Agentes Abrazadores va a eliminar todas las autoridades e instituciones centrales relacionadas. La gente decidirá por sí misma como va a contribuir, qué comunidades va a crear o unirse a ellas, y qué temas va a tratar de cubrir sin importar el tamaño o el alcance del propósito de la comunidad. Los individuos usarán sus recursos (especialmente esfuerzo, tiempo, conocimiento y datos) para los objetivos que ellos mismos se han marcado. El poder nacerá en el lado de la población y terminará, también, en el lado de la población sin intermediarios ni límites establecidos. Un sistema puramente democrático no tiene presidentes, ministros, ni ningún perfil de líder predefinido.

PROPIEDAD PRIVADA

La propiedad privada es lo más importante de un sistema capitalista. En el sistema corrupto actual, la distribución de la tierra y las propiedades es injusta y, además, provoca el incremento de desigualdades con el paso del tiempo. En apartados anteriores, se ha explicado la distribución de las acciones de las organizaciones, por lo que ahora se va a explicar en este apartado la distribución de las propiedades inmobiliarias.

El terreno no es solo un problema de propiedad a resolver, es también cómo se gestiona nuestro planeta. Los humanos son sedentarios y necesitan su propio espacio, lo que hace difícil plantear algo basado en la idea de compartir. Es bueno tener un sistema donde la gente puede tener propiedad, traspasar, compartir y alquilar cualquier inmueble de forma dinámica y flexible. Para construir ese entorno de manera estable y válida para la sociedad, las políticas y reglas deben estar definidas por toda la población.

La creación de una comunidad para gestionar y controlar la propiedad privada, los derechos de uso y las transacciones es la solución para generar un modelo democrático. Esta comunidad, bajo el modelo de "Un miembro – Una acción", tendría las siguientes capacidades:

- Decidir el tipo de uso de cada terreno: vivienda, oficina, mercado, espacio cultural, industrial, agrario, "no humano", etc.
- Ser dueño de todos los terrenos, en realidad todos serían públicos.
- Gestionar democráticamente las peticiones de cambio de políticas, uso, etc.
- Gestionar cualquier transacción inmobiliaria. Posee la base de datos de registro de la propiedad y desempeña todas las operaciones relacionadas con ella de una forma descentralizada, permitiendo a los individuos y a las comunidades interactuar, sin la presencia de un intermediario, con unas reglas predefinidas.

Bajo un ecosistema de Agentes Abrazadores, la distribución de la propiedad de los inmuebles será transparente y mucho más equitativa que hoy en día. Nuestro planeta será gestionado para provocar un aumento en la calidad de vida de todos los individuos. Todas las cosas que se han explicado en las secciones anteriores establecen las bases de una oferta justa y equitativa donde la propiedad privada debe estar incluida como un factor clave en nuestro ecosistema.

Para facilitar todas las operaciones registrales y hacerlas más automatizadas, algunas tecnologías que soportan el concepto de "Contrato Inteligente" están emergiendo. Este tipo de tecnologías proporcionan un único registro de almacenamiento y operaciones mercantiles, y generan automáticamente todos los contratos necesarios cuando sucede un evento determinado según lo acordado por las partes.

La identidad es lo que hace a una persona única. Para operar en un mundo digital, se requiere de identificación, que bien podría ser un código seguro encriptado diferente de cualquier otro.

Hay muchas cosas que se podrían usar como una identidad:

- ADN. Este es un código natural que es único para cada individuo.
- Biometría. Existen varios componentes biológicos dentro del cuerpo humano que son únicos y que se pueden usar con propósitos identificativos como el iris, las huellas, etc.
- Código digital auto-generado. Este es un código que se genera por un sistema tecnológico que hace a una persona única. Requiere la firma previa de forma biométrica por parte del individuo (por reconocimiento de huella, iris, etc.)
- Información Personal Identificable. Esto se corresponde con datos que pueden ser usados para identificar a una persona, tanto de forma directa como en conjunto con otros datos o un contexto determinado. Esto se considera datos sensibles ya que la identidad de una persona se puede inferir a partir de ellos.
- Actividades. Esto es muy importante en un mundo donde se registran datos en abundancia cada segundo gracias a la internet de las cosas y, a las tecnologías portables que posibilitan la captura y el seguimiento de la actividad en el mundo digital y en el mundo físico. Lo que una persona hace indica cómo se comporta, qué le gusta, dónde se encuentra, su lugar de residencia, sitios a los que viaja, ubicaciones de su trabajo, etc. Esta información podría ser suficiente para

identificar unívocamente a una persona, aunque son datos cuya mayor utilidad es definir el comportamiento de un individuo.

- Valor de reputación. Puntuación que define cómo alguien se comporta.

Para lanzar una comunidad o ser miembro de una de ellas, se necesita pasar por un proceso de identificación. La única información obligatoria que se debe proporcionar es una clave pública (el código auto-generado explicado antes) así como un valor de reputación cuando se disponga de él (podría estar vació todavía), manteniendo al individuo en un estado de privacidad. Opcionalmente, los miembros podrían proveer datos adicionales sobre sí mismos, pero nunca se verían forzados a hacerlo.

EL VALOR DE REPUTACIÓN

En el ecosistema de Agentes Abrazadores, la reputación es el activo más importante para los individuos. En un mundo digital donde la opinión de las personas y la gamificación juegan un papel muy importante, se almacena mucha información sobre cómo los ciudadanos han sido valorados por los demás o por sus propias actividades.

El valor de reputación es también una forma de aplicar justicia. Es un dato público accesible para los individuos o las comunidades. Esto significa que la gente con mayor reputación tendrá más posibilidades para tener más seguidores y una mayor aceptación en la sociedad y, por el contrario, la gente con mala reputación necesitará realizar un duro trabajo para recuperar y obtener el soporte necesario de los demás.

Para establecer un valor de reputación, todo lo que se ha realizado por parte de los individuos en las comunidades debe ser almacenado y tiene que hacerse de forma distribuida, con una única versión de la verdad, pública, segura y en un único registro, de forma semejante a como se está haciendo actualmente con las interacciones digitales con tecnologías como la cadena de bloques, dentro de diferentes ecosistemas como el de las criptomonedas. Todas las comunidades deben estar enlazadas con esa única base de datos que no tiene ningún tipo de limitación.

Teniendo archivadas todas las interacciones digitales o físicas, se requiere una comunidad de Agentes Abrazadores que gestione todas las reglas, los cálculos y las políticas de puntuación para valorar la reputación. Esta comunidad seguirá el modelo de propiedad de "Un miembro – Una acción" ya explicado.

La definición de cada una de las reglas de puntuación de la reputación podría ser muy compleja. Las principales interacciones a evaluar son:

- Opiniones
- Ser expulsado de una comunidad
- Hacerse miembro de una comunidad
- Salirse de una comunidad
- Contribuciones:
    - o Creando una comunidad
    - o Patrocinando una comunidad
    - o Compartiendo conocimiento
    - o Compartiendo recursos
    - o Desempeñando tareas

- Actividades individuales. Pasear, comprar, jugar o matar a alguien. Así de variopinto puede ser lo que una persona hace en el mundo.

Agregando todas las interacciones de un individuo, un valor de reputación suyo es calculado y adjuntado a su identidad. Esto es también una forma de descentralizar el sistema judicial ya que el juicio viene dado con el sistema de reputación y las consecuencias penales se pueden definir con el consenso de todos.

Tener una base de datos pública con todas las cosas que ha hecho la gente no supone una violación de los derechos de privacidad. Toda la información se asocia a una clave personal por lo que nadie puede saber, por ejemplo, lo que alguien ha hecho en un momento determinado. Somos "espiados" únicamente para que se obtenga una justa valoración de nosotros y cuando se entre en una comunidad, debido a que se necesita la clave y su valor de reputación para hacerse miembro, se nos podría, por ejemplo, expulsar debido a un valor de reputación negativo.

EJEMPLOS DE COMUNIDADES

CARIDAD

Siempre hay personas que necesitan ayuda solo para mantenerse con vida o tener unas condiciones de vida decentes. Se van a crear muchas comunidades para ayudar a la gente de diversas maneras. Contribuir va a ser mucho más fácil para todos, más rentable y sin tasas de administración central. Cualquiera va a poder colaborar con cualquier tipo de recurso, conocimiento y acciones específicas. La caridad se va a expandir mucho, casi la totalidad de la gente participará en programas o comunidades con fines benéficos.

FINANZAS

En los últimos años, el Bitcoin y muchas otras criptodivisas han emergido con fuerza. No se trata solo de monedas alternativas, son una nueva forma de gestionar el sistema monetario de forma completamente descentralizada gracias a la tecnología de la cadena de bloques. Con esta tecnología, las reglas de gobierno son elaboradas en base a parámetros numéricos y cálculos matemáticos previamente registrados para informar a todos los miembros. No hay autoridades centrales o bancos centrales que posean la gobernanza absoluta del sistema financiero.

Al mismo tiempo, el micromecenazgo y la financiación colectiva están también despegando. Estas técnicas financieras dan a los individuos la posibilidad de hacer lo que han venido realizando las grandes instituciones o las entidades financieras de forma exclusiva en el pasado. En un sistema descentralizado puro, la gente podría decidir qué proyectos son los más interesantes para dedicar recursos a ellos, incluyendo los más revolucionarios. Además, podrán poseer acciones de las organizaciones y votar en las elecciones, incrementándose la transparencia.

INTERNET

Otra Internet totalmente descentralizada y trabajando bajo un ecosistema de Agentes Abrazadores es posible. Soluciones como IPFS (un sistema de ficheros distribuido de par a par), "Golem Project" (que pretende ofrecer una web descentralizada fortalecida por cada terminal, incrementando las capacidades de las escasas grandes plataformas), o Maidsafe (ofrece un servicio de Internet basado en que la población comparte sus recursos).

Los actuales grandes proveedores de servicios de Internet están controlando el tráfico de datos impidiendo la democracia y otros derechos humanos como la neutralidad en la red, excepto en las regiones donde la ley se lo impide. Los usuarios de Internet no son dueños de la infraestructura sobre la que los servicios se ofrecen, por lo que no están participando en la toma de decisiones sobre su gobierno y tampoco tienen propiedad de los datos. La descentralización es una revolución en la forma en la que usamos Internet (se podría considerar como la Web 3.0), y nos permite hacer todo en línea mediante conexiones punto a punto con los demás, no a través de grandes compañías en las que actualmente estamos confiando nuestros datos.

FACTORÍAS

La producción de bienes se puede gestionar por los individuos y las comunidades sin importar su tamaño, y estas dejarán esos bienes disponibles posteriormente al resto de personas. Los mercados pueden ser desarrollados por una organización descentralizada propiedad de todos los fabricantes, evitando peajes innecesarios para las actividades de compra y venta.

TRABAJO

El "Co-Working" es otro concepto que se está extendiendo cada vez más. Los individuos en Agentes Abrazadores con los mismos intereses pueden unirse en una única comunidad para alcanzar sus objetivos o, simplemente, para compartir su conocimiento.

Lo más importante en el mundo laboral es hacer realidad ideas prósperas para la sociedad en base a la consecución de proyectos o empresas generándose un ecosistema colaborativo donde las personas deciden en qué quieren contribuir y cómo (inversión y/o trabajo).

TRANSPORTE

Se podrían crear comunidades que ofrecen vehículos, servicios de conducción y soporte mecánico que serían compartidos por algunos de los miembros. Los usuarios podrán decidir qué vehículo quieren usar, cuándo y cómo. Con las venideras tecnologías que permiten la auto-conducción, la recarga de energía automática, sistemas fácilmente actualizables y mecanismos de auto-reparación, el transporte va a cambiar enormemente. Los medios de transporte públicos y privados se convertirán en comunidades de transporte.

EDUCACIÓN Y APRENDIZAJE

En el ecosistema de Agentes Abrazadores, el conocimiento y la información son cosas públicas y accesibles para todos. Se crearán comunidades para difundir la educación de cualquier materia a nivel mundial con varias políticas y métodos para poder elegir. La gente podrá seleccionar libremente aquellas comunidades que mejor se adaptan a sus necesidades de aprendizaje y estén mejor valoradas, por lo que la reputación vuelve a jugar un papel importante.

POLICÍA

La policía del estado de Nueva Jersey dice en su página Web que sus principales funciones están asociadas a los siguientes puntos:

hacer cumplir la ley, prevención del crimen, búsqueda y detección de delincuentes, recopilar las evidencias legales que confirman a los delincuentes como tales y castigarles. Una comunidad bajo el modelo de "Un miembro – Una acción" podría crearse para gestionar todo eso, pero teniendo en cuenta los siguientes puntos:

- Las comunidades, de forma automatizada, realizarán las tareas de gestión basándose en reglas y políticas definidas por sus miembros, por lo que estará asegurado que actúen de acuerdo a la ley. Sólo se requerirá a los individuos que sigan la ley por parte del resto de individuos o comunidades, inteligencia artificial o robots.
- La prevención del crimen será llevada a cabo de forma descentralizada por la gente impidiendo operaciones criminales por parte de las comunidades.
- La búsqueda y recopilación de evidencias legales de delincuentes se realizará mediante el chequeo del valor de reputación.
- El castigo a los delincuentes y las políticas relacionadas con ello, deben ser definidas por la población.

ENERGÍA

Nuevas y venideras tecnologías están haciendo posible y van a posibilitar la generación de energía sin requerir de grandes infraestructuras o plataformas. La gente es capaz de auto-generarse la energía que necesitan e, incluso, generar energía extra para los demás. En este escenario, la descentralización puede reemplazar a las grandes organizaciones que proveen energía a las personas y todas sus infraestructuras, eliminando las tasas que a estas se les paga, al mismo tiempo que los individuos poseen una porción del gran ecosistema, y tienen derecho a voto para elegir todas sus normativas y políticas.

INVESTIGACIÓN

Actualmente, la investigación se suele hacer en secreto y concluye en el momento que se solicita una patente. En el ecosistema de Agentes Abrazadores, las comunidades se crearán con fines de investigación y toda la información será pública, y la gente podrá elegir libremente si dar soporte a esa comunidad, colaborar con ella o hacerse miembro. No hay secretos en un mundo fortalecido por el conocimiento. La comunidad y los creadores de sus ideas y estrategias se sentirán orgullosos cuando tengan muchos seguidores y ganen en reputación. El conocimiento es el motor que hace mover al mundo.

SANIDAD

La sanidad es cuestión de caridad, organización e investigación. Se ha hablado de todo esto anteriormente, por lo que mediante las comunidades de Agentes Abrazadores se puede desarrollar un magnífico sistema sanitario accesible para todos.

Las religiones aglutinan a grupos de personas que comparten ciertas ideologías, aspectos culturales, creencias y prácticas de ritos que muestran fe en todo lo anterior. Las religiones siempre se han organizado de forma centralizada y jerarquizada donde las normas y leyes asociadas a la religión se han definido por un grupo de poder que las ha promulgado, en la medida de lo posible, al mayor número de personas que se pudiera conseguir dentro de su área de influencia apoyándose en todos los estamentos de su jerarquía.

El poder que las religiones ejercen sobre las personas puede ser muy elevado, factor que es aprovechado por los que las gobiernan para marcar pautas en la sociedad que siguen sus propios intereses. Lograr alcanzar una gestión descentralizada en el ámbito religioso que promueva comunidades donde no existan manipulaciones ni presiones, a la vez que sus miembros ejercen con total libertad, supondría una mejora fundamental en la estructura organizativa de nuestra sociedad.

PERSPECTIVA DE FUTURO

Partiendo de las organizaciones tradicionales que predominan en la actualidad, cambiar a unas nuevas puede convertirse en una carrera de grandes obstáculos. El cambio nunca se llevará a cabo por la gente poderosa, "El poder tiende a corromper, y el poder absoluto corrompe absolutamente" (Lord Acton, 1887).

Muchas naciones de todo el mundo tienen en su constitución un artículo que dice que el poder emana del pueblo, pero en la práctica no es verdad. Vivimos inmersos en una organización social piramidal donde solo unos pocos tienen el poder y controlan todos los sectores de la sociedad. Tenemos que tener en mente que las tecnologías están evolucionando muy rápido y que mezclar esto con las organizaciones piramidales actuales puede acabar rompiendo el mundo en pedazos.

El camino del cambio es crear comunidades de Agentes Abrazadores fuera del sistema social existente y reemplazar las organizaciones actuales por ellas. Esto significa una revolución, renovar las leyes por parte de la población. La revolución mencionada resultará en una desintermediación donde las reglas, las políticas, los datos y las infraestructuras serán propiedad de la población gracias a las nuevas tecnologías y a los protocolos "par a par" distribuidos. Esta revolución desbanca a las autoridades centrales desarrollando una nueva organización social partiendo de cero.

CONCLUSIÓN

Los griegos inventaron la democracia basándose en que no todas las personas están igual de preparadas para afrontar las gestiones más importantes de la sociedad así como tomar las decisiones que marquen el rumbo de la misma. Se definió la democracia como la forma de dar poder al pueblo para elegir a esas personas. Sin embargo, hoy en día el poder está corrompido y tanto las gestiones, como las decisiones antes mencionadas no están enfocadas al beneficio de la sociedad.

Posteriormente, se ha definido una economía capitalista de mercado basada en las personas que proporcionen mejores ideas, productos o servicios obtengan mejores recompensas incentivando la innovación y la productividad. Sin embargo, este sistema también se ha visto corrompido por una élite que tiene el poder sobre el resto de la población y genera oligarquías poco flexibles que se orientan al beneficio de la mencionada élite, en lugar de tratar de favorecer a la población en general.

Con tanto cambio tecnológico sucediéndose a gran velocidad que proporciona nuevas y poderosas armas a estos grupos elitistas corruptos, los nuevos avances no pueden continuar su camino por sí mismos sin un consenso general que defina cuál es el futuro que la mayoría quiere de forma dinámica.

La sociedad necesita la cooperación de todos para crear y desarrollar estrategias que conformen un mundo mejor. Las decisiones se deben tomar de manera descentralizada donde todo el mundo tenga derecho a voto para formar parte de los cambios que se harían, de esta manera, desde el punto de vista de la población y con todas las posibilidades que tenemos al alcance. La gente debe preocuparse por la humanidad en su conjunto al mismo tiempo que cuida su entorno natural y el universo en general.

Agentes Abrazadores es un mundo de personas que son únicas y diferentes del resto. No es un mundo de igualdad total, eso no es un mundo perfecto. La tecnología no debe crear copias de humanos, todos iguales. La tecnología está para fortalecer a los individuos haciéndolos agentes poderosos, facilitando su socialización y la obtención de objetivos mediante la construcción de comunidades de forma justa y democrática. Somos individuos, miembros de la sociedad. El mundo perfecto es un mundo de agentes dentro de una sociedad bien organizada, un mundo elegido por todos.